# 设施蔬菜
## 有机肥替代化肥实用技术

◎ 徐 茂 郭 宁 贾小红 主编

中国农业科学技术出版社

**图书在版编目（CIP）数据**

设施蔬菜有机肥替代化肥实用技术 / 徐茂，郭宁，贾小红主编 . —北京：中国农业科学技术出版社，2021.4

ISBN 978-7-5116-5253-9

Ⅰ.①设… Ⅱ.①徐… ②郭… ③贾… Ⅲ.①蔬菜园艺—设施农业—有机肥料—研究 Ⅳ.①S626

中国版本图书馆 CIP 数据核字（2021）第 056630 号

责任编辑　李　华　　崔改泵
责任校对　贾海霞
责任印制　姜义伟　　王思文

出 版 者　中国农业科学技术出版社
　　　　　北京市中关村南大街12号　　邮编：100081
电　　话　（010）82109708（编辑室）　（010）82109702（发行部）
　　　　　（010）82109709（读者服务部）
传　　真　（010）82106650
网　　址　http://www.castp.cn
经 销 者　各地新华书店
印 刷 者　北京富泰印刷有限责任公司
开　　本　880mm×1 230mm　1/32
印　　张　2.75
字　　数　55千字
版　　次　2021年4月第1版　　2021年4月第1次印刷
定　　价　29.80元

# 《设施蔬菜有机肥替代化肥实用技术》

## 编委会

主　　任：史长生　王以中　贾小红

副主任：刘学鉴　胡玉根

委　　员：徐　茂　刘永霞　邹国元　廖　洪

　　　　　郭　宁　孙桂芝　曲明山　聂晓红

　　　　　陆凌晨

# 编写人员

主　编：徐　茂　郭　宁　贾小红

副主编：孙桂芝　曲明山　廖　洪

编　者：（按姓氏笔画排序）

于跃跃　曲明山　刘永霞　闫　实

孙桂芝　邹国元　陆凌晨　武占会

聂晓红　贾小红　徐　茂　郭　宁

梁金凤　廖　洪

审　稿：邹国元　郭　宁

# 前　言

北京市顺义区经北京市农业农村局推荐申报、农业农村部批准，承担2017—2019年"设施蔬菜有机肥替代化肥示范县"项目。

顺义区种植业服务中心按照农业部《开展果菜茶有机肥替代化肥行动方案》（农农发〔2017〕2号）和农业部种植业司《关于报送2017年果菜茶有机肥替代化肥示范县的通知》〔农农（耕肥）〔2017〕4号〕要求，以及北京市农业局《关于印发2017年北京市设施蔬菜有机肥替代化肥试点工作方案的通知》（京农发〔2017〕162号）文件要求，制定了《2017年顺义区设施蔬菜有机肥替代化肥示范县实施方案》，并组织实施。经过2017—2020年实施，顺义区按照农业农村部、北京市农业农村局要求完成了项目实施，取得了较好成效。截至2020年底，顺义区累计完成30 000亩次任务创建，项目区化肥用量明显减少，核心示范园区与知名品牌蔬菜生产基地蔬菜化肥使用量减少15%以上；全区菜田化肥平均用量较2018年为负增长。示范区商品有机肥用

1

量平均2.24吨/亩，同比增加20%以上；全区养殖业畜禽粪污利用率达到100%。示范区基地蔬菜产品100%符合食品安全国家标准。

顺义区实施设施蔬菜有机肥替代化肥试点，目的是"一减两提""四促进"，通过促进化肥减量增效，促进有机肥资源利用，促进产品品质提升，促进土壤质量提升，实现化肥用量明显减少、产品质量明显提高、土壤质量明显提升。重点开展7项工作：①实施补贴政策，引导蔬菜产业绿色生态发展。在1万亩示范区，全面实施有机肥、复合微生物菌剂、配方肥、水溶肥和生物肥补贴，实现"有机肥+配方肥"模式、"有机肥+水肥一体化"模式在示范区应用全覆盖。②建立核心示范区，打造一批生态高效示范基地。重点以北京绿富农果蔬产销专业合作社、北京兴农鼎力种植专业合作社园区打造2 000亩核心示范区，实现4种模式（一是"有机肥+配方肥"模式，二是"有机肥+水肥一体化"模式，三是"菜—沼—畜"模式，四是"秸秆生物反应堆"模式）综合展示。③创新服务机制，开展产业化服务拉动，推进"党支部+合作社+农户"服务模式，助力乡村振兴。④创新有机肥资源利用模式，完善北京市农业废弃物综合利用"顺义模式"。⑤加强培训宣传，提高标准化生产意识和水平。⑥开展农产品品牌创建，促进顺义区本地生产蔬菜优质优价。重点安排10个农产品品牌创建提升。⑦开展定点监测，全面掌握土壤肥力水平。

为确保试点工作顺利进行，顺义区成立了以区政府主管副区长任组长的项目领导小组，区种植业服务中心具体组织、各镇政府主管领导参加。顺义区种植业服务中心成立由中心主任为组长的实施领导小组，各镇农业部门为参与及督导主体，相关镇31个园区为具体任务建设主体。建立项目专家支持小组，由中国农业大学、北京市农林科学院、北京市土肥工作站等单位的专家组成。

在北京市农业农村局指导下，顺义区种植业服务中心依托北京市农林科学院、北京市土肥工作站等科研院所，认真组织项目落实与推进工作开展，项目取得预期效果。为更好推进顺义区设施蔬菜有机肥替代化肥试点进程，建立起顺义区设施蔬菜有机肥替代化肥技术应用长效机制，使顺义区蔬菜更好地供应北京城乡市场，使顺义区从业农民获得稳定种植收益，特编写本书。

本书是根据项目相关试验结果，参考近年来顺义区及京郊蔬菜栽培、土肥科技新成果编写而成，以期更好地指导顺义区设施蔬菜有机肥替代化肥示范县项目实施，在实现有效减少化肥用量的同时，实现土壤有机质含量水平增加，实现顺义区设施蔬菜产品品质、营养含量水平明显提升，为产业可持续发展提供技术支持。

2020年11月

# 目　录

# 第一章

## 设施蔬菜有机肥培肥技术

## 第一节　设施蔬菜有机肥培肥技术简介

在蔬菜生产中，通过有机肥矿化的持续性养分供应以及配套的多次追肥等方式来满足根层养分供应对植物健壮生长十分关键，在土壤培肥、改良、土传病害防治等方面起着非常重要的作用。

### 一、合理选择有机肥的用量与种类

沙土应施用养分含量高的优质有机肥料，也可深施大量秸秆和养分含量低的释放慢的有机肥料；黏土养分供应慢，有机肥料应早施，近根施用。饼肥、鸡粪等营养元素含量较高的肥料，基肥一次性施用不应过大，否则会造成肥害。

## 二、充分腐熟发酵后再施用

畜禽粪便、秸秆等经过堆腐生成有机肥，一定要充分腐熟发酵后再施用。

## 三、主要作底肥深耕后施用

有机肥应深施或覆土施用，避免地表撒施；作物苗期有机肥作为基肥要深施或早施，尤其是要严格控制作物苗期氮肥的施用量；一般蔬菜作物有机肥基本都以基肥一次性底施。

## 四、结合菜田特点选取有机肥

针对老菜田土壤磷钾水平较高的，应选择秸秆类含碳较丰富的有机肥，或是生物有机肥，以改良土壤为目标，亩*用量不应超过2吨；新菜田选择优质畜禽粪堆肥配合少量麦秸，以培肥土壤为目标，亩用量2~3吨。

# 第二节 设施蔬菜有机肥培肥技术

有机肥含有作物生长所必需的16种营养元素和其他有

---

* 1亩≈667米$^2$，全书同

益于作物生长的元素，可以为作物全面提供氮磷钾及多种中微量元素。

## 一、为什么菜田需要有机肥？

补充作物养分供应——大多数蔬菜根系浅、根系弱，吸收养分能力差，需要根层持续性供应较高养分浓度。

创造良好根层结构——蔬菜根系需要良好的通透性和疏松土质环境，多施有机肥利于根系发育和下扎。

补充土壤有机质——设施菜田温度、湿度高，土壤有机养分矿化速率快，需要施用有机肥补充土壤有机质。

改善土壤质量——蔬菜生产茬口多，如不重视有机肥施用，土壤有机质将迅速下降，导致土壤质量恶化，引发土壤病害。

## 二、哪些种类有机肥可用于蔬菜生产？

有机肥种类很多，按照北京郊区常见的有机肥品种，可以将有机肥作如下分类。

按来源分类：粪尿类、堆沤肥类、秸秆肥类、土杂肥类、饼肥类、海肥类、腐殖酸类、沼肥类。

按养分有效性分类：有机肥中C/N比越低，养分越速效；缓效有机肥C/N比高，适宜作基肥。作物追肥时必须考虑养分释放时间提前施用。猪粪、禽粪类属于速效有机肥，牛羊粪类、堆肥、绿肥类属于中效有机肥，禾本科秸秆类属于缓效有机肥。

按功能分类：普通有机肥料、功能性有机肥料。

按产品分类：精制有机肥、生物有机肥、有机无机复混肥。

按形态分类：固态（多作基肥）、液态（结合灌溉、作基肥或追肥）。

## 三、如何选择有机肥？

### （一）根据土壤肥力施用有机肥

土壤肥力状况高低直接决定作物产量的高低，根据土壤肥力和目标产量的高低决定施肥量，对于高肥力地块，适当减少底肥所占全生育期肥料用量的比例，增加后期追肥的比例；对于低肥力地块，适当增加底肥所占全生育期肥料用量的比例，减少后期追肥的比例。一般以该地块前3年作物的平均产量增加10%作为目标产量。

### （二）根据土壤质地施用有机肥

沙土土壤肥力较低，有机质和各种养分的含量均较低，土壤保肥保水能力差，养分容易流失；但沙土有良好的通透功能，有机质分解快，养分释放供应快。沙土应该增加有机肥使用量，提高土壤有机质含量，改善土壤的理化性状，增强保肥、保水性能。但对于养分含量高的优质有机肥料，一次使用量不能太多，使用过量容易烧苗，转化的速效养分也容易流失，养分含量高的优质有机肥料可分底肥和追肥多次使用。沙土地也可深施大量堆腐秸秆和养分含量低、养分释放慢的粗杂有机肥料。

黏土保肥、保水性能好，养分不易流失，但是土壤供肥速度慢，土壤紧实，通透性差，有机成分在土壤中分解缓慢。黏土地施用的有机肥料必须充分腐熟，黏土养分供应慢，有机肥料应早施，可接近作物根部。旱地土壤水分供应不足，阻碍养分在土壤溶液中向根表面迁移，影响作物对养分的吸收利用，应该大量增施有机肥料，增加土壤团粒结构，改善土壤的通透性，增强土壤蓄水、保水能力。

## （三）根据肥料特性施用有机肥

不同有机肥因组分和性质区别很大，因此培肥土壤作用以及养分供应方式大不相同，施肥时应该根据肥料特性，采取相应的措施，提高作物对肥料的利用率。秸秆类有机肥有机物含量较高，对增加土壤有机质含量、培肥地力有显著作用，秸秆在土壤中分解较慢，秸秆类有机肥适宜作底肥，用量可大一些，但是氮磷钾养分含量相对较低，微生物分解秸秆还需要消耗氮素，因此在施用秸秆有机肥时需要与氮磷钾化肥配合。

粪便类有机肥料的有机质含量中等，氮磷钾养分含量丰富。以纯畜禽粪便工厂化快速腐熟加工的有机肥料，其养分含量高，应少施，集中使用，一般作底肥使用，也可作追肥。含有大量杂质，采取自然堆腐加工的有机肥料，有机质和养分含量均较低，应作底肥使用，量可以加大。另外，畜禽粪便类有机肥料一定要经过灭菌处理，否则容易给作物、人、畜传染疾病。绿肥是经过人工种植的一种肥地作物，有机质和养分含量均较丰富。

## （四）根据作物需肥规律施用有机肥

不同作物种类、同一作物的不同品种对养分的需求量及其比例、养分的需要时期均不同，因此在施肥时应该充分考虑每一种作物的需肥规律，制定合理的施肥方案。

设施中一般种植生长周期长、需肥量大的作物，需要大量施用有机肥，作为基肥深施，施用在离根较远的位置。一般有机肥和磷钾肥作底肥施用，后期应该注意氮、钾追肥，以满足作物需肥。由于设施处于相对封闭环境，应该施用充分腐熟的有机肥，防止在大棚里二次发酵，由于保护地没有雨水的淋洗，土壤中的养分容易在地表富集而产生盐害，因此肥料一次不宜施用过多，并在施肥后配合浇水。

早发型作物在初期就开始迅速生长，像菠菜、生菜等生育期短，一次性收获的蔬菜就属于这个类型。这些蔬菜若后半期氮素肥料过大，则品质恶化，所以就要以基肥为主，施肥位置也要浅一些，离根近一些为好。白菜、圆白菜等结球蔬菜，既需要良好的初期生长，又需要后半期有一定的长势，保证结球紧实，因此在后半期应减少氮肥供应，保障后期生长。

## （五）根据种植年限施用有机肥

种植年限在5年以下新建设施菜田选用速效有机肥，如粪肥等；5年以上老菜田选用秸秆含量丰富、经过堆沤的有机肥或堆肥产品。出现次生盐渍化、酸化等障碍的土壤，尽量选择C/N比高的有机肥。

土壤病虫害严重的设施中，要适量增施或穴施生物有机肥、海藻肥或腐殖酸肥。有机蔬菜生产，采用缓效有机肥作基肥，速效有机肥作追肥，鼓励施用液态有机肥。有机肥释放养分慢，因此有机追肥与化肥相比追肥时期应提前几天。

## 四、有机肥合理用量

目前果类蔬菜有机肥过量施用状况较为普遍。过量施用会造成养分流失、环境污染；对作物生长不利，造成氨中毒或根系受伤等死苗现象。建议有施用能力的地区，以商品有机肥作为主要培肥原料，商品有机肥用量一般果菜为2～3吨/亩，叶菜为1～2吨/亩。

## （一）每季施用多少有机肥合适？

有机肥产品的用量参考表1-1推荐用量。

表1-1  有机肥产品用量

| 设施菜田 | 新建菜田：过沙、过黏、盐碱化严重的菜田 | 种植2～3年菜田 | >5年的老菜田 | |
|---|---|---|---|---|
| 有机肥品种 | 高C/N比的粗杂有机肥 | 粪肥、堆肥 | 堆肥 | 粪肥+秸秆 |
| 推荐用量（米³/亩） | 8～10 | 5～7 | 3～5 | 3+2 |

注：1. 多年施用粪肥后，可减少基肥中磷肥的投入数量，可以不施，改为定植后灌根施用；

2. 种植黄瓜适当增加1米³/亩有机肥；越冬长茬适当增加1～2米³/亩有机肥，最好采用速、缓搭配的有机肥；

3. 尽量考虑有机肥提供的氮素：化肥提供的氮素=1：1为宜，实现基追结合。

建议有施用能力的地区，施用商品有机肥作为主要培肥原料。

## （二）施用方法

一般以基肥为主，可撒施深翻入土壤层，也可条施、穴施、集中施用（特别是生物有机肥和功能性有机肥）。穴施时，离定植穴一定距离（至少5厘米）或者条施于苗床下10～15厘米。

# 第二章

## 设施蔬菜水肥一体化管理技术

## 第一节　设施蔬菜水肥一体化管理技术简介

水肥一体化技术是利用微灌系统，根据土壤的水分、养分状况及作物对水和肥料的需求规律，将肥料和灌溉水一起适时适量、准确地输送到作物的根部土壤，供作物吸收。

### 一、建立滴灌系统

根据地形、田块、单元、土壤质地、作物种植方式、水源特点等基本情况，设计管道系统的埋设深度、长度、灌区面积等。水肥一体化的灌水方式可采用管道灌溉、喷灌、微喷灌、泵加压滴灌、重力滴灌、渗灌、小管出流等。

管道输水 　　　　　　作物供水

水肥一体化施肥 　　　　　　水肥耦合

**水肥一体化技术流程**

**重力滴灌** 　　**管道滴灌** 　　**微喷灌**

## 二、施肥系统

在田间要设计为定量施肥，包括蓄水池和混肥池的位置、容量、出口、施肥管道、分配器阀门、水泵肥泵等。

## 三、选择适宜肥料种类

可选液态或固态肥料，如氨水、尿素、硫铵、硝铵、磷酸一铵、磷酸二铵、氯化钾、硫酸钾、硝酸钾、硝酸钙、硫酸镁等肥料。固态以粉状或小块状为首选，要求水溶性强，含杂质少，一般不应该用颗粒状复合肥；如果用沼液或腐殖酸液肥，必须经过过滤，以免堵塞管道。

肥料

## 四、灌溉施肥的操作

## （一）肥料溶解与混匀

施用液态肥料时不需要搅动或混合，一般固态肥料需要与水混合搅拌成液肥，必要时采取渣液分离，避免出现沉淀等问题。

## （二）施肥量控制

施肥时要掌握剂量，注入肥液的适宜浓度大约为灌溉流量的0.1%，例如灌溉流量为50米$^3$/亩，注入肥液大约为50升/亩；过量施用可能会使作物致死以及造成环境污染。

## （三）灌溉施肥程序

灌溉施肥的程序分3个阶段：第1阶段，选用不含肥的水湿润；第2阶段，施用肥料溶液灌溉；第3阶段，用不含肥的水清洗灌溉系统。

# 第二节　设施蔬菜水肥一体化管理技术

水肥一体化就是借助灌溉设备将作物生长发育需要的水分、养分同时供应给作物的一种水肥管理方式。水肥一体化技术是一项综合水肥管理措施，具有显著的节水、节肥、省工、高效、环保等优点。

## 一、水肥一体化技术的要点

水肥一体化技术适宜于有井、水库、蓄水池等固定水源，且水质好、符合微灌要求，并已建设或有条件建设微灌设施的区域推广应用。水肥一体化涉及农田灌溉、作物栽培和土壤耕作等多方面，应用中应注意以下几个方面的问题。

## （一）选择灌溉施肥设备

水肥一体化灌溉施肥技术是借助于灌溉施肥系统实现的，要合理地控制施肥的数量和浓度，必须选择合适的灌溉施肥设备。常用的灌溉方式有喷灌、微喷灌和滴灌等；常用的施肥设备包括压差式施肥罐、文丘里施肥器和注肥泵等。

蔬菜生产中果类蔬菜最适合采用滴灌施肥设备，生产中一般采用大小行栽培，大行是进行农事操作的过道间。叶类蔬菜如生菜、甘蓝等也可以采用滴灌，采用小高畦或小高垄栽培，需要适当增加滴管带的出水孔数量。平畦方式栽培的蔬菜，密度较大，适于采用微喷方式进行灌溉。

## （二）制定灌溉施肥制度

### 1. 确定灌溉水量

根据作物需水规律、土壤墒情、根系分布、土壤性状、设施条件和技术措施制定灌溉制度。通常沙土的灌水定额最大，依次是壤土、黏土。保护地滴灌施肥的灌水定额应比畦灌方式减少40%～50%。

（1）果类蔬菜。定植后及时滴灌1次透水，一般灌水20～25米$^3$/亩；根据蹲苗需要和墒情状况，在苗期和开花期各滴灌1～2次，每次灌水5～8米$^3$/亩；从果实膨大期开始每隔5～10天滴灌1次，每次灌水8～10米³/亩；拉秧前10～15天停止灌溉。

（2）叶类蔬菜。定植后及时浇1次透水，一般滴灌应在8小时以上；秋茬一般苗期滴灌1～2次，每次5～8米³/亩；莲座期每8～10天滴灌1次，每次10～12米³/亩；结球期每8～10天滴灌1次，每次8～10米³/亩，根据不同茬口进行适当调整。

2. 确定肥料用量

合理的灌溉施肥应首先根据种植作物的需肥规律、地块的肥力水平及目标产量确定总施肥量、氮磷钾比例及底肥、追肥的比例。

（1）果类蔬菜。定植至开花期（15～35天），每株吸收比例为$N : P_2O_5 : K_2O = 1 : 0.12 : 0.58$，每次结合滴灌加肥3～5千克/亩；开花至结果期（36～75天），每株吸收比例为$N : P_2O_5 : K_2O = 1 : 0.11 : 1.04$，每次结合滴灌加肥5～7千克/亩；收获期（76～125天），每株吸收比例为$N : P_2O_5 : K_2O = 1 : 0.16 : 1.41$，每次结合滴灌加肥5～7千克/亩，拉秧前10～15天停止加肥。

（2）叶类蔬菜。一般苗期追肥1次，吸收比例为$N : P_2O_5 : K_2O = 1 : 0.5 : 0.75$，每次加肥4～6千克/亩；莲座期每15～20天追肥1次，吸收比例为$N : P_2O_5 : K_2O = 1 : 0.3 : 1$，每次3～5千克/亩；结球期每15～20天追肥1次，吸

收比例为 $N : P_2O_5 : K_2O=1.2 : 0 : 2$，每次 $5 \sim 8$ 千克/亩。建议滴灌肥料养分含量 $50\% \sim 60\%$，含有适量中微量元素。

### （三）灌溉施肥操作

按照肥随水走、少量多次、分阶段拟合的原则，将作物总灌溉水量和施肥量在不同的生育阶段分配。在生产过程中应根据天气情况、土壤墒情、作物长势等，及时对灌溉施肥制度进行调整，保证水分、养分主要集中在作物主根区。

每次灌溉施肥操作可以分为3个步骤：第一，选用不含肥的水湿润，一般 $10 \sim 15$ 分钟，把表层土润湿；第二，施用肥料溶液灌溉，灌溉时间和灌溉量依据具体作物、季节等因素决定，原则是少量多次；第三，用不含肥的水清洗灌溉系统，至少 $20 \sim 30$ 分钟，防止在滴头处长出藻类、青苔和微生物等，造成滴头堵塞。

## 二、肥料的选择

滴管肥料的选择和施用要注意以下几个方面。

### （一）肥料溶解性

市场上销售的颗粒状复合肥、红色氯化钾、农用粉状磷酸一铵、颗粒状磷酸二铵溶解性差，不能在微灌施肥中使用。

### （二）肥料相容性

配制滴灌肥料时，一定要注意肥料的相容性。含磷酸根的肥料与含有金属离子的肥料容易发生拮抗反应，如硝酸钙、硫酸镁、硫酸亚铁、硫酸锌、硫酸锰都不能与磷酸二氢钾、磷酸一铵混用。含有钙的肥料不能与含硫酸根的肥料一起使用，否则会形成沉淀。如硝酸钙与硫酸镁、硫酸钾、硫酸铵混合时生成溶解度很低的硫酸钙。在实际操作中，对于混合后容易产生沉淀的肥料，可以用分别配制、分别使用的办法来解决，如在单独注入硝酸钙后，待清水充分冲洗系统后再注入易产生沉淀的肥料，或每次灌溉注入一种肥料。

## （三）肥料的腐蚀性

有些肥料具有强腐蚀性，如磷酸当用铁制施肥罐时，会溶解金属铁，铁与磷酸根生成磷酸铁的沉淀，所以磷酸作灌溉肥时应使用抗腐蚀的塑料施肥罐。

## （四）肥料的溶解热

肥料的溶解过程中一般会放出或吸收热量，使溶液的温度发生变化。如硝酸钾、尿素等在溶解时都会吸热，使溶液温度降低，而磷酸溶解时会放出热量，使溶液温度升高。

## 三、注意事项

## （一）避免过量灌溉

应用水肥一体化技术最常见的问题是过量灌溉。特别是新安装滴灌的用户，总担心水量不够，故意延长灌溉时间。过量灌溉会浪费宝贵的水资源，养分会随水淋洗到根层以下土壤中，不能被作物根系吸收，造成肥料浪费。

## （二）控制施肥浓度

当通过喷灌、微喷灌系统喷肥时，实际上是向作物叶面喷稀释的盐溶液。如果盐分浓度过高，蒸发又快，很容易"烧"伤叶片。通常叶面喷施的适宜浓度为0.1%～0.3%（或者1吨水加入1～3千克水溶肥）。

## （三）注重设备维护保养

要定期检查，及时维修系统设备，防止漏水。及时清洗过滤器，定期对离心过滤器集沙罐进行排沙。作物生育期第1次灌溉前和最后1次灌溉后应用清水冲洗系统。冬季来临前应进行系统排水，防止结冰爆管，做好易损部件保护。

# 第三章

# 春大棚西瓜有机肥替代化肥配套技术

## 第一节　春大棚西瓜有机肥
## 替代化肥配套技术简介

### 一、主要技术：有机肥替代化肥

通过施用有机肥提升地力，减少化肥用量，以亩产3 500～4 000千克为目标，一般要求每亩施入商品有机肥2吨，或鸡粪3～4米$^3$或厩肥4～5米$^3$，复合微生物菌剂2千克，过磷酸钙40千克、硫酸钾15～20千克，或N-P$_2$O$_5$-K$_2$O含量15%-15%-15%三元复合肥40千克，腐熟饼肥100千克。

## 二、辅助技术

1. 应用适宜优新西瓜品种

中型西瓜适宜品种有京欣2号、华欣211、华欣307、京美6K、京美8K等；小型西瓜品种有L600、超越梦想、京颖2号、京彩1号等；小型无籽西瓜有京玲3号、墨童、蜜童等。

2. 嫁接

嫁接方式有顶插接、劈接、单子叶贴接及靠接，要做好嫁接前管理、嫁接后缓苗期管理、成活后管理3个阶段的管理。

3. 采用多层内幕覆盖提早定植生长技术

要求提早扣棚，及时加用多层覆盖，内幕高度一般为2～2.2米，如作3层内幕，每层间隔为14～15厘米，内幕必须用新膜，一般选择0.014毫米聚乙烯流滴膜，10千克/亩。

4. 蜂授粉替代人工及激素处理技术

要求棚内温度控制在18～32℃，适宜温度22～28℃；湿度控制在50%～80%范围内；西瓜最佳蜜蜂授粉时间为8：00—10：30，一箱微型授粉专用蜂群可用于1亩左右的瓜棚，在晴朗天气，西瓜有效授粉时间6～10天即可。

5. 增施$CO_2$肥料

$CO_2$袋肥，一般亩用20袋，每袋115克。

6. 病虫害防治

以预防为主，实施绿色防控，优先使用生物农药。相关病害可选用70%甲基硫菌灵800～1 000倍液或65%代森锰锌500～600倍液防治炭疽病，选用50%速克灵2 000倍液、40%菌核净1 000～1 500倍液防控菌核病。

# 第二节　春大棚西瓜有机肥替代化肥配套技术

## 一、技术构成与适应性

春季保护地西瓜有机肥替代化肥栽培新技术，针对解决早春低温问题、光照不足问题、品质提升问题等提出对应农业技术对策，形成10项关键技术。包括应用优新品种、增施有机肥替代化肥、采用嫁接育苗、多层覆盖提早生产技术、应用植物生长调节剂处理、科学合理施肥、蜂授粉替代人工及激素处理、应用变温管理技术、科学防控病虫害等，实现保护地西瓜早熟、丰产、优质、安全目标，满足北京城乡居民消费需求及农民生产增收要求。

## 二、春季保护地西瓜栽培技术关键点

### （一）应用适宜优新西瓜品种

在西瓜生产中，品种是确保生产的基本因素，也是决定能否获得丰产的第一位关键条件。保护地春季西瓜品种选择要求是耐低温、耐弱光、抗病、丰产、优质、抗逆性好、综合性状优良。适宜北京地区大棚春季西瓜生产主要品种：中型西瓜品种有京欣2号、华欣211、华欣307、京美6K、京美8K等；小型西瓜品种有L600、超越梦想、京颖2号、京彩1号等；小型无籽西瓜有京玲3号、墨童、蜜童等。

### （二）增施有机肥替代化肥

增施有机肥，重视测土配方平衡施肥技术应用。及时对种植地块进行土壤成分检测，了解土壤养分水平，根据不同西瓜需肥规律及目标产量水平，确定基肥施入水平及追肥标准。

基肥施用以亩产量3 500～4 000千克为目标，一般要求亩施入商品有机肥2吨，或鸡粪3～4米$^3$或厩肥4～5米$^3$，复合微生物菌剂2千克，过磷酸钙40千克、硫酸钾15～20千克，或N-P$_2$O$_5$-K$_2$O含量15%-15%-15%三元复合肥40千克，腐熟饼肥100千克。

### （三）嫁接育苗

嫁接技术主要是利用砧木根系发达的特点，促进养分与水分的吸收，增强生长势，还可有效预防各种土传病虫害的发生，从而为西瓜高产提供基础。目前常用的嫁接方式有顶插接、劈接、单子叶贴接及靠接，生产者可根据自身技术情况灵活选择，但一般来说，贴接操作简便、生产者易于掌握，顶插接、劈接工作效率高，但要求一定的熟练程度，靠接一般成活率高，但涉及二次断根，工作量较大。

西瓜嫁接苗管理分为嫁接前管理、嫁接后缓苗期管理、嫁接成活后管理3个阶段。

1. 嫁接前管理

（1）温度管理。接穗、砧木出苗前覆地膜，育苗温室南边边苗要加盖1层保温材料。白天温度不低于30℃，晚间不低于20℃，一般3天（约1/3拱土）即可去膜。出苗后白天温度控制在28℃以下，夜间控制在15～18℃，防止出现"高脚苗"。

（2）水分管理。嫁接前接穗、砧木均采取不干不浇水的原则，促进生根、防止徒长。浇水宜选在晴天早上进行，用温水浇透。

（3）病虫害防治。嫁接前一天按照说明书用百菌清烟熏剂进行棚室处理。

2. 嫁接后缓苗期管理

（1）温度管理。嫁接后将苗放入小拱棚中，白天温度控制在32℃以下，晚上不低于18℃。第1天不揭膜，以后每天早晚逐渐延长放风时间，在苗不萎蔫情况下尽量多晾苗。

（2）湿度管理。湿度以覆膜后膜上布满细水滴为准，湿度不够时，采用喷壶喷润苗加湿。

（3）光照管理。前3天尽量用草帘遮光，以后只在中午光照强时遮光。

3. 嫁接成活后管理

（1）及时去砧木萌生不定芽。把嫁接时没有去除干净的砧木不定芽去掉。

（2）适时倒苗。为保持瓜苗整齐性需南北向互相调换位置；中部瓜苗的营养钵提起即可，不改变排放位置。最后1次倒苗时将大小苗分开放置。一般嫁接后10天、定植前7天分别倒1次苗。

（3）定植前炼苗。移栽前1周左右逐步降温炼苗，将温度控制在白天20℃左右，夜间10~12℃，以利缓苗。

（4）嫁接西瓜壮苗标准。具3~4片真叶，叶片浓绿、肥厚，无病叶；下胚轴粗壮；根系茂盛，根色白；无病虫为害及机械损伤。

## （四）采用多层内幕覆盖提早定植生长技术

该技术核心在于创造适宜春大棚西瓜提早生长的环境，满足其对地上、地下部位生长的光、温环境条件要求。

一般来说，大棚内吊1层幕的，比不吊幕的西瓜能提早定植10～15天，单层增温效果在4～5℃；内吊2层幕的，可提早定植20～25天；内吊3层幕的能提早定植30～40天。具体定植环境标准则要求土壤完全化开，并且棚内地温、气温稳定达到15℃以上时定植。因此要求提早扣棚，及时加用多层覆盖，一般定植与扣棚间隔20～30天为宜。棚内吊幕工作，扣棚后要马上进行，以提早升温。

一般大棚内吊3层幕进行西瓜生产能提早上市10天以上。

**1. 春大棚多层覆盖新技术应用具体要求**

（1）设置内幕高度。以便于农户操作为标准设置高度，一般为高2～2.2米。如作3层内幕，每层间隔为14～15厘米。多层覆盖主要解决前期温度过低问题，尤其低地温问题。早春栽培风险大主要是温度变化剧烈影响，对作物适应性考验是重点。

（2）设置多层内幕物资准备及要求。

①拉绳/拉丝（固定物）使用选择：不同栽培目的要求差异大。中型西瓜、地爬小型西瓜无须吊蔓承重，拉绳选择一般细钢丝即可，主要承担7～10千克内幕农膜负荷重量。

②吊蔓小西瓜生产：有支柱棚、无支柱棚两种生产类型。有支柱棚，拉绳选择细钢丝即可，钢丝需与支柱固定，分散承重力。无支柱棚（钢架大棚），拉绳不仅支撑二道农膜，还需承担植株生长作支架用，要求选用粗钢丝，建议用φ8钢丝。

③内幕用膜选择标准：透光率高、重量轻，必须用新膜，不同于棚内增加的小拱棚，前者用时长，后者仅在夜间保温用。多层覆盖中不同层级、用膜选择、覆盖时段、覆盖时长各有要求。一般选择0.014毫米聚乙烯流滴膜，10千克/亩。覆膜时要求密闭封严、两幅膜结合时要求重合15～20厘米，用塑料夹子固定。

④管理上须注意问题：及时开放风口，防止高温烤苗。

⑤该措施局限性：连续阴天无光照时效果无保证，需其他增补温、光措施。

2. 提早定植配套技术

（1）及时炼苗。一般炼苗5～7天为宜。

（2）定植时起苗、运输注意减少伤根等机械损伤。

（3）精细翻耕土地，创造良好的根系发育条件。

（4）提早扣棚。要求定植前20～30天扣好大棚膜，提高棚内土温。

（5）科学选用棚膜及地膜。春季大棚适宜棚膜有高保温PE膜、EVA膜、PO膜，西甜瓜生产还可以使用转光膜。地膜以白色透明地膜效果更好。

（6）做到合理密植。大棚中型西瓜以每亩密度600～700株为宜，小型西瓜架式栽培密度以每亩达1 100～1 300株为宜，小型西瓜地爬栽培密度以每亩达600～700株为宜。

（7）做到足墒定植。要求浇好定植水、缓苗水。

（8）重视西瓜定植后温湿度管理。要求地温不低于18℃，缓苗后棚内气温白天不高于32℃，夜间不低于15℃。

（9）合理应用生长调节剂处理植株，提高抗逆性，缩短缓苗期。在早春生产中，以ABT生根粉处理植株能取得较好效果。经试验表明施用后根系发达，抗逆性和抗病性增强，特别是可以缩短缓苗时间，从而利于西瓜早熟丰产，增加种植收入，一般可提早上市5~7天。

一般选用ABT 4号增产灵，每0.1克加入50克95%酒精，再加9.95千克水，即可配成10千克10mg/kg药液，用于叶面喷洒或浸根处理，每亩用药液50~100千克。

## （五）应用变温管理技术

春季大棚西瓜结果期应用变温管理技术可以有效保证高产。变温管理要求原则是根据西瓜结果期生长特点，对温度进行精细分时管理，做到白天植株尽可能多完成光合作用，以实现养分制造，夜间尽可能控制呼吸消耗并实现养分转化积累。

西瓜结果期为三段式变温管理，分别为8：00—16：00温度控制在18~35℃，主要促进合成功能；18：00—24：00温度控制在25~18℃，完成促进运转功能；0：00—7：00温度控制在18~12℃，主要为抑制呼吸功能。

## （六）蜜蜂授粉替代人工及激素处理技术

西瓜应用蜜蜂授粉技术在顺义区已规模化应用。大棚春西瓜应用蜜蜂授粉技术，可以有效解决西瓜生产中劳动力用工成本大及劳动强度过高问题，并有效提高北京郊区西瓜产品的优质及安全性，同时可提升区域西瓜品牌知名度及市场竞争力。

掌握春季大棚西瓜蜜蜂授粉技术应用关键五原则。

1. 重视放置蜜蜂前的棚室准备工作

对早春西瓜生产大棚土壤进行冬前深耕并灌水，通过风化晒垡疏松土壤，消灭地下害虫、病菌和杂草。要求大棚提早扣棚暖地，并用灭蚜烟剂（如清棚烟剂）及百菌清烟剂对棚室及土壤进行消毒，一般提前20～30天进行。早春西瓜苗定植前用广谱性杀菌剂（如甲基硫菌灵）、杀虫剂（如阿维菌素等）进行1次预防，做到瓜苗带药定植。

强调在西瓜开花前10天，棚室周围与棚室内禁用任何杀虫药剂，棚中土壤中禁用吡虫啉等强内吸性缓释杀虫剂。如果生产之初已经使用杀虫药剂，就不要再使用蜜蜂授粉，避免蜜蜂中毒影响授粉而产生不必要损失。

2. 控制蜜蜂授粉温度

要求棚内温度控制在18～32℃，适宜温度22～28℃；湿度控制在50%～80%范围内；西瓜最佳蜜蜂授粉时间为

8：00—10：30。温度过高或过低均会导致西瓜泌蜜量和花粉活力的减弱，并直接影响蜜蜂访花积极性。正午时间注意加大棚室通风；保证植株正常生长和蜜蜂活动，提高授粉效率。

3. 做好授粉蜜蜂蜂箱放置及饲喂糖液

蜂群放置棚室中央时要避免震动，不可斜放或倒置；距地面50～100厘米。巢门向南或东南方向，便于蜜蜂定向采集。蜂群放置后不可任意移动巢口方向和蜂群位置，以免蜜蜂迷巢受损。

蜜蜂为西瓜授粉还需要做好饲喂工作，一般日需要白砂糖0.5千克/箱蜂，需要加水熬制成50%糖液进行饲喂。另在蜂箱上放置一盛水容器，每天更换清水，水上浮一树枝或其他漂浮物，以便蜜蜂饮水。

4. 合理放蜂，有效完成授粉

一箱微型授粉专用蜂群可用于1亩左右的瓜棚，在晴朗天气，西瓜有效授粉时间6～10天即可。

要求蜂群进棚20分钟静止后，慢慢将巢门打开即可。在棚室进行劳作时，不要敲打正在访花的蜜蜂和蜂箱，非专业人员严禁打开箱盖，以免被蛰。个别过敏体质人群意外被蛰请及时就医。搬移蜂箱时需轻拿轻放，以免引起箱内蜂群躁动。

5. 及时进行西瓜选果和疏果

大棚西瓜蜜蜂授粉坐果较多，要求在西瓜果实长到鸡蛋大小时，及时进行选果和疏果。对京欣类型西瓜留果原则为，每株选留一个瓜型周正、色泽亮丽、大小适中果实，使其继续生长，其余小瓜全部疏掉。定瓜后及时进行膨瓜水肥管理。

## （七）增施$CO_2$肥料

该技术在发达国家园艺作物生产上应用普遍。近年来京郊西瓜生产上已逐渐应用。一般要求补充$CO_2$肥料浓度达到800～1 000mg/kg，要求密闭环境，连续使用1个月以上，使用时期以苗期和结果期使用效果明显。增施$CO_2$肥料主要方法如下。

1. 增施有机肥

试验表明，1 000千克有机物完全分解后能释放1 500千克$CO_2$，在密闭条件下当发热量达最高值时，室内$CO_2$浓度可达大气中$CO_2$浓度的100倍。

2. 通风换气

通风换气为最简洁增施方法，但增施浓度仅能达到300mg/kg。

3. 施用固体$CO_2$气肥

亩施用40～50千克。要求沟施2厘米深，覆土1～2厘米，或施入地膜下，保持土壤湿润，利于$CO_2$释放。施后6～7天开始产气，高效期40天，有效期90天。施用期间适当控制通风，只在温度过高时通风。使用时注意勿将肥料撒在花、叶、果上，以免灼伤。

4. 应用商业$CO_2$袋肥

一般亩用20袋，每袋115克。

## （八）重视肥水管理，及时进行田间管理

农谚有云，"收多收少在于水，有收无收在于肥"，水肥管理在西瓜生长中起着十分重要的作用，春大棚西瓜肥水管理是田间管理的重点。及时进行植株调整是调节作物生长平衡的需要，通过及时中耕、松土、除草、整枝打杈、疏花保果等措施，可以有效调整西瓜生长平衡，做到植株健壮、果实丰硕，实现高产优质。

### 1. 西瓜需水特点

幼苗期需水量较少，一般采取控水蹲苗的措施，以促进根系下扎和健壮。伸蔓期对西瓜水分管理应掌握促、控结合的原则，保持土壤见干见湿。西瓜进入开花结瓜期后，对水分较敏感，此期水分供应不足，则雌花子房较小，发育不良；供水过多，又易造成茎蔓旺长，同样对坐瓜不利，因此此期应以保持土壤湿润为宜。西瓜膨瓜期是需水较多的时期，应加大浇水量，以保持土壤较湿润为宜。

2. 西瓜合理浇水原则

（1）定植水。定植时主要依据气候与地温来判定浇灌量多少，一般以水量20～25米³/亩为宜。

（2）缓苗水。定植7天后及时浇缓苗水，以促进缓苗。浇水应在晴天8：00—10：00进行。

（3）伸蔓水。当西瓜"甩龙头"，即出现主蔓和营养侧蔓后，采取膜下暗灌的方法补充水分，水量不宜过大。

（4）坐瓜后浇3次水。定瓜水在西瓜授粉后10天左右浇。之后避开西瓜鹅蛋大小时的易裂瓜期，待西瓜碗口大小时浇膨瓜水。在西瓜转色前再浇1次收瓜水，要求浇水要足，此后直至收瓜前不再浇水，并随水冲施高钾肥，以促进膨瓜。

3. 西瓜追肥

分为提苗肥、伸蔓肥、膨瓜肥。其中提苗肥、伸蔓肥要轻施，要根据植株长势进行。具体做法是：在植株4～5片叶时施入提苗肥，即每亩施入腐熟豆饼肥80千克；伸蔓肥，每亩追施"圣诞树"等冲施肥10千克；待西瓜坐住后鸡蛋大小时冲施大水大肥，随水施入低氮高钾含量"一特"冲施肥20千克，授粉20天左右再同样水肥处理1次。第2茬瓜在坐果期和果实膨大期，分别再追施等量水肥1次。每茬瓜在采收前一周要停止水肥供应。

4. 西瓜田间管理

主要包括及时揭盖内保温物、适时开放风口、整枝、打杈、授粉坐瓜、合理留瓜等，一般采用三蔓整枝，每株最后保留一个商品瓜。春大棚西瓜每亩产量4 000千克左右。

## （九）科学调控大棚温湿度

春大棚西瓜生产温湿度调控重点在定植后，分为缓苗期管理和缓苗后管理。

### 1. 缓苗期管理

定植后为促缓苗应保持较高温度，白天温度宜在28～35℃，晚上10℃以上，中午温度超过35℃时要把内层幕拉开缝放风。

### 2. 缓苗后管理

前期为促植株发根，棚内应保持较高温度，白天尽量保持在28℃以上，晚上保持在10℃以上。植株生长中后期温度较高，待温度超过35℃时须进行通风处理，待棚内温度回降到28℃时，关闭风口。通风顺序为从内向外揭膜，前期外界温度低，可仅揭开内层幕降温，后期温度高时可揭开双幕及大棚膜降温，并逐渐增加通风时间，后期温度适宜时可撤去双幕，在夏季最低温超过18℃时可不关闭风口。

## （十）重视病虫害防治

　　春季大棚西瓜生产总体上病虫害发生轻，进入生长中后期不同年份有时病虫害发生偏重，其中以低温高湿病虫害发生为害为主，主要有蚜虫、炭疽病、蔓枯病、菌核病以及白粉病等。在防治上以农业防治为主，要尽量避免低温高湿环境条件出现。一旦发生病虫害及时提高棚温，减低棚内湿度，并及时对症用药，如选用70%甲基硫菌灵800～1 000倍液或65%代森锰锌500～600倍液防治炭疽病，选用50%速克灵2 000倍液、40%菌核净1 000～1 500倍液防治菌核病等。近年来线虫为害有加重趋势，对此要及时进行土壤消毒处理；偶发瓜类细菌性果腐病为害，应用铜制剂防治有一定效果。

# 第四章

# 夏秋大棚番茄有机肥替代化肥配套技术

## 第一节　夏秋大棚番茄有机肥
## 替代化肥配套技术简介

### 一、主要技术：有机肥替代化肥

亩施商品有机肥2 000千克或腐熟优质农家肥4 000千克，复合微生物菌剂2千克，深翻20～30厘米，做畦前再施入45%含量（N-$P_2O_5$-$K_2O$含量15%-15%-15%）三元复合肥40千克。施肥方法可采用普施与沟施相结合的方法。

## 二、辅助技术

### （一）品种选择

粉果番茄适宜品种有仙客8号、金棚10号、天丰1号等品种；硬果红肉番茄可选用瑞克斯旺的百利，以色列泽文公司的哈特、秀丽等品种。

### （二）育苗

穴盘选用128孔穴盘，草炭加蛭石按照3∶1混合，每立方米加番茄专用肥1 400克，采用塑料钵育苗，每钵播2～3粒种子，上面覆细潮土0.8～1厘米。

### （三）定植

整地施肥，做畦，按1.2～1.3米做畦，畦宽0.6～0.7米，沟宽0.5～0.6米。当植株达到3～4叶1心，苗龄达到25天左右，即可定植，株距以40厘米为宜。

### （四）栽培管理

缓苗，查苗补苗。白天温度不高于30℃，夜晚以18～23℃为宜，利用遮阳网和加大通风量降温。开花期可使用熊蜂为番茄进行授粉，提高番茄营养物质含量。坐果期要合理留果，一般第1穗留3个果，第2穗以上每穗留3～4个果为宜。

## （五）水肥管理

第1穗果核桃大小时浇膨果水，结合浇水每亩可施果菜专用复合肥20~30千克或低氮高钾水溶肥15~20千克，以后每穗果核桃大小时都浇水追肥1次，施肥量参照第1次，浇水后通风排湿。结果期间，可以晴天傍晚喷施叶面肥，叶面肥可选择磷酸二氢钾或尿素，浓度在0.25%~0.3%。后期要控制浇水次数，浇水后要立即排湿，控制病害发生。全生育期重视钾肥使用，防止硬果番茄筋腐病发生。

## （六）病虫害防治

重点防治蚜虫、白粉虱、烟粉虱、棉铃虫以及病毒病、叶霉病、晚疫病等病虫害。

# 第二节　夏秋大棚番茄有机肥替代化肥配套技术

番茄是北京重要蔬菜栽培作物之一，京郊夏秋茬保护地番茄生产面积全市3.6万亩，其中顺义区夏秋茬大棚生产面积达2万亩，占全市同期栽培面积56%，平均商品量亩产4 200千克，总产量8 400万千克，占北京市场同期供应量60%以上。通过技术创新、集成，顺义区夏秋茬大棚番茄生产供应上市由过去的9月下旬提早到8月上中旬，有效缓解了北京蔬菜秋淡季市场供应。提早上市使采收期延长到80天左右，减少了后期贮存上市数量，淡季蔬菜销售价格高使农民收入增加更具保障。夏秋茬大棚番茄生产主要栽培技术特点如下。

## 一、品种选择

夏秋季节大棚番茄栽培选择具有耐热、抗病、丰产、商品性好的品种，粉果番茄适宜品种有仙客8号、金棚10号、天丰1号等；硬果红肉番茄可选用瑞克斯旺的百利，以色列泽文公司的哈特、秀丽等。亩用种量20～30克。

## 二、种子处理

在播种前，将种子放入55℃温水中浸泡15分钟，并不停搅拌，捞出放入10%磷酸三钠溶液中浸泡10～15分钟，浸后用清水冲洗干净即可催芽；催芽温度25～30℃，2～3天后60%种子萌芽时播种。或将种子用纱布包好，放在10%磷酸三钠溶液浸泡20分钟，浸泡后用清水淘洗干净，消灭种子表面病菌，晾干后即可播种。

## 三、土壤处理

在播种和定植前对土壤进行消毒，一般常用甲基硫菌灵、多菌灵每亩1.5～2千克，掺土均匀撒入畦中。

## 四、播种育苗

### （一）播种期

在北京地区从5月中旬至7月上旬均可播种，最佳播期为6月20日至7月6日。其中5月中旬至6月上旬播种的，一般以育苗移栽为主，苗龄25～30天为宜；6月中旬至7月上旬播种的，一般采用直播。夏秋茬番茄上市供应时间为8月中下旬至11月上旬。

### （二）育苗及播种

以营养钵育苗、穴盘育苗为主，也可以采用育苗营养块育苗；平畦撒播育苗需及时分苗。直播为条播，在小高垄中部开浅沟，播种后覆土封严。无论哪种方式播种、育苗均需要遮阴，一般可采用旧膜或遮阳网棚顶覆盖，以达到降强光、降温、防雨作用。

### （三）床土准备与育苗基质配制

育苗床土选用近3年未种过茄科蔬菜的肥沃园田土与充分腐熟过筛圈肥按2∶1比例混合均匀，每立方米施N-$P_2O_5$-$K_2O$含量15%-15%-15%三元复合肥2千克。将床土按厚度10～15厘米铺入苗床，或装入8厘米×10厘米营养钵待播。

穴盘育苗选用128孔穴盘，育苗基质用草炭加蛭石按照3∶1混合，每立方米加番茄专用肥1 400克，充分混匀填充。若选用育苗营养块育苗，用前需将营养块浇透水后再播种。

## （四）播种

在浸足底水的穴盘、塑料钵中点播种子。采用塑料钵育苗，种子充裕时每钵播2~3粒种子，上面覆细潮土0.8~1厘米；穴盘育苗每穴播种1粒种子，上覆蛭石。播后覆盖地膜保墒，幼苗50%出土时，揭去地膜。

## （五）苗期管理

（1）浇水降温。播后即浇小水，晴好天气一般1天浇1次小水，一般浇3次水齐苗。

（2）苗出齐到2片真叶阶段，喷施800~1 000倍液矮壮素或5~10mg/kg多效唑防止幼苗徒长。撒播育苗的幼苗2叶1心时及时分苗到8厘米×10厘米营养钵内。中午日照过强要遮阴，缓苗后，尽量扩大放风炼苗。

（3）防治蚜虫、白粉虱、斑潜蝇等，减少病毒的传播。一般早、晚打药，药中适当加入消抗液以增加药效，苗期一般防治2~3次。

（4）喷施抗毒剂，提高抗病毒能力。分别在2叶、4叶时喷抗毒剂一号，傍晚时用药。也可选用病毒A或99消毒王均有较好的预防效果。

（5）使用遮阴和通风措施，遮阴选用遮阳网或其他材料，在风口处加用22目防虫网，温度尽量控制在白天25~30℃，夜间18~20℃。

## 五、定植

### （一）整地施肥

亩施商品有机肥2 000千克或腐熟优质农家肥4 000千克，复合微生物菌剂2千克，深翻20～30厘米，做畦前再施入45%含量（$N-P_2O_5-K_2O$含量15%-15%-15%）三元复合肥40千克。施肥方法可采用普施与沟施相结合的方法。

### （二）做畦

按1.2～1.3米做畦，畦宽0.6～0.7米，沟宽0.5～0.6米，提倡覆盖银灰地膜防蚜。种植硬果型番茄品种按1.5～1.6米做畦，畦宽0.6～0.7米，沟宽0.8～0.9米。垄高一般要求15～20厘米。

### （三）防虫与遮阳

在通风口和门口设置防虫网，在棚顶覆盖可活动的防虫网；有条件的棚上加盖遮阳网，注意光强下降后及时撤除。

### （四）适期定植

当植株达到3～4叶1心，苗龄达到25天左右，即可定植。直播则此期安排定棵，株距以40厘米为宜。选晴天下午定棵或定植，双行定植，每亩2 500～2 800株，平均行距60～65厘米，株距36～44厘米。定植时浇垵水（即用水勺舀水浇灌刚栽植的种苗），然后紧跟着浇大水，高温强日照时覆盖遮阳网降温。定植至缓苗期温度控制在白天25～30℃，夜间20～25℃。

## 六、定植后及结果期管理

### （一）缓苗后—开花前管理

（1）前期重点防控病毒病。主要措施有喷施增抗剂、小水勤浇、及时用药等，防治蚜虫、烟粉虱、斑潜蝇等传毒。前期尽量不中耕，减少伤根以减轻病毒病的发生。

（2）及时查苗补苗，宜早不宜晚。

（3）植株调整。缓苗后，及时插架绑蔓或吊蔓。采用单杆整枝，尤其与果穗同位的侧枝生长势强，对花序影响大，要及早摘除。

（4）温度管理。白天不高于30℃，夜晚尽量降温，以18～23℃为宜，主要利用遮阳网和加大通风量降温。

### （二）开花期管理

1. 蘸花

当第1穗的花开2～3朵时，花将要开或半开时，用沈农番茄丰产剂2号生长调节剂蘸花，每支（2毫升）兑水1～1.25千克，一般在上午无露水后及下午15：00后蘸花（禁用2，4-D）。要严格掌握浓度，不要重蘸漏蘸。有条件的可以使用熊蜂为番茄进行授粉，可以有效提高番茄营养物质含量。

## 2. 防治棉铃虫

在8月底至9月初重点防治，在幼虫蛀果前防治1～2次，禁用氧化乐果等高毒农药。

## （三）坐果期管理

### 1. 合理留果

每株留5～6穗果（9月10日后开花果穗不再留果），每穗果3～4个。在留足果穗后，在最上端花序前端留2～3片叶摘心。适时打掉下部老化底叶，减少病害发生。注意及时疏果，一般第1穗留3个果，第2穗果以上每穗留3～4个果为宜。

### 2. 水肥管理

第1穗果核桃大小时浇膨果水，结合浇水每亩可施果菜专用复合肥20～30千克或低氮高钾水溶肥15～20千克，以后每穗果核桃大小时都浇水追肥1次，施肥量参照第1次，浇水后通风排湿。结果期间，可以晴天傍晚喷施叶面肥，叶面肥可选择磷酸二氢钾或尿素，浓度在0.2%～0.3%。后期要控制浇水次数，浇水后要立即排湿，控制病害发生。

全生育期重视钾肥使用，防止硬果番茄筋腐病发生。

3. 温湿度管理

结果期适宜温度要求白天在25～30℃，夜间15℃。适宜湿度要求控制在50%～70%。进入9月以后气温逐渐下降，管理以调温为主，要注意提温、保温、排湿、放风。有条件的旧膜换成新膜，当夜温降到13℃时要及时闭棚。10月以后天气转冷，管理重点以升温、保温为主，白天保持在28～30℃，不超过30℃不放风（注意换气），夜间尽量保温。在8℃以下时，要用草帘围住大棚四周底脚，外界降至0℃时要及时采收果实防止冻害。

4. 防治病虫害

虫害重点防治棉铃虫、烟粉虱，病害主要是叶霉病、晚疫病等，一般隔7～8天预防1次。及时打除病叶、下部老化叶片。要根据经验和预报进行防治，减少盲目打药。

## 七、适时采收

番茄成熟有绿熟、变色、成熟、完熟4个时期。贮存保鲜在绿熟期采收。运输出售在变色期（果实的1/3变红）采摘。本地出售或自食应在成熟期即果实2/3以上变红时采摘。

果实进入成熟期，禁止使用乙烯利等化学药剂催红，以减少药剂残留。

果实采收前要严格掌握农药安全间隔期，在农药残效期内不允许上市。

## 八、病虫害防治

重点防治蚜虫、白粉虱、烟粉虱、棉铃虫以及病毒病、叶霉病、晚疫病等病虫害。

### （一）防治原则

（1）农业防治为主，原则是创造适宜植株的生长环境，恶化病虫的生存环境，科学施肥，设施防护等措施。

（2）重视物理防治技术，采用黄板诱杀蚜虫、白粉虱，利用烟剂熏杀害虫等技术防治虫害。

（3）应用生物防治技术，利用丽蚜小蜂防治白粉虱与烟粉虱、利用赤眼蜂防治棉铃虫等。

（4）合理应用化学防治。

### （二）病毒病

磷酸三钠浸种、防治蚜虫、使用防虫网、覆盖银灰地膜等方法预防；药剂防治用20%毒克星400～500倍液或抗毒剂一号600～700倍液，苗期、缓苗后各喷1次。防治蚜虫可选用2.5%溴氰菊酯乳油2 000倍液或10%吡虫啉可湿性粉剂2 000倍液等。

### （三）早疫病

在发病前期或初期，用百菌清熏烟防病；或用70%代森锰锌500倍液或50%扑海因1 000倍液，64%杀毒矾500倍液或50%扑海因可湿性粉剂1 000倍液，每7～10天1次，连喷4～5次。

## （四）晚疫病

在发病前期或初期，75%百菌清500～600倍液，或64%杀毒矾M8可湿性粉剂500倍液，或25%瑞毒霉750～1 000倍液，或72.2%普力克800倍液，或72%克露500倍液喷雾，交替使用，每5～7天喷1次，连喷3～4次。

## （五）叶霉病

用40%福星乳油8 000～10 000倍液，或2%武夷菌水剂500倍液，或47%春雷霉素＋氢氧化铜可湿性粉剂800倍液喷雾。

## （六）烟粉虱

25%扑虱灵WP 1 500倍液、10%吡虫啉WP 2 000倍液、20%啶虫脒3 000倍液、10%烯啶虫胺水剂3 000倍液、1.8%阿维菌素EC 1 500倍液、25%阿克泰WG 5 000倍液等。

## （七）潜叶蝇

在幼虫2龄前，喷洒1.8%爱福丁乳油3 000～4 000倍液、50%蝇蛆净粉剂2 000倍液喷雾。

## （八）棉铃虫

在棉铃虫的产卵期到幼虫三龄前，用功夫2.5%乳油2 000～4 000倍液或氯氰菊酯10%乳油1 000倍液喷雾，选清晨或傍晚喷药。

# 第五章

## 设施蔬菜残体资源化循环利用技术

### 第一节　设施蔬菜残体就地循环利用技术

设施生产中产生的蔬菜残体、秸秆等废弃物在田间随意堆放，不仅造成了蚊蝇滋生、臭气熏天和视觉污染，而且容易造成蔬菜病虫害的传播，不利于设施园区的清洁生产，在强降雨下会随着地表径流对北运河水体造成污染。为此，北京市土肥工作站提出了一套涉及蔬菜残体和秸秆减量化、无害化、资源化利用的综合配套技术。

在设施内或设施外建设发酵池，将蔬菜园区产生的各种蔬菜残体、植株秸秆集中置于发酵池中进行好氧发酵，利用发酵产生的$CO_2$为作物提供$CO_2$施肥，发酵产物作为一种有机物资源还田，减少有机肥料用量，为作物生长提供营养。

秸秆发酵

## 一、发酵池设计

在贴近温室一面侧墙的地上部建设发酵池，注意避开温室的灌溉系统，可利用温室侧墙，从而减少发酵池一面墙的材料，节约成本。发酵池体积设计为4～6米$^3$，沟体单砖砌垒，整个发酵池水泥抹面，发酵池底部建设宽×高为20厘米×30厘米的"十"字沟，作为$CO_2$通道。

## 二、风机、气袋等辅助性装置

1. 轴流风机

220伏，150～200瓦，风量每小时1 500～2 000米$^3$，采用微电脑自动控制开关，实现自动控制。

2. 气袋安装

将直径40厘米的气袋安装到风机上，气袋上每隔1米，向下45°角打2个直径0.5厘米的孔。

## 三、物料配比

配料为作物鲜秸秆、酵素菌种，每立方米鲜秸秆加入菌种1～2千克。若发酵秸秆为豆类、茄果类，可以直接发酵，不需要调节C/N比；若发酵秸秆为瓜类、叶菜类秸秆，需要与玉米、小麦等C/N比高的作物秸秆按重量比1：1比例混合。另外，可以在每吨秸秆中加入5千克过磷酸钙。

一是选取铡草机或适合粉碎干湿作物秸秆的粉碎机，将作物秸秆粉碎为10～20毫米的小段，铡草机和粉碎机可以在底部安装4个轮子，便于在温室间移动。

二是在将粉碎的秸秆填入发酵池前，需在底部铺上1层塑料布或硬质塑料板，每间隔100毫米均匀打直径为10毫米的孔，塑料布或硬质塑料板用来将发酵池底部"十"字沟隔空，作为$CO_2$通道。

三是在发酵池中铺设秸秆，将不同作物秸秆、菌种及其他辅料混合均匀。待发酵池填满后，淋水湿透秸秆，水量以下部贮气池中见到积水为宜，发酵池盖上1层塑料布。堆置1天后开启风机，发酵启动。3～5天后，发酵秸秆下陷，继续按上述方法填料，一般4米$^3$大小的发酵池可以处理1亩的蔬菜秸秆。

## 四、补气、补水

秸秆生物反应堆的发酵制剂是一种好氧菌。填料第2天开启，白天9：00—17：00每隔1小时开机1小时，若阴天可调整为每隔2小时开机1小时，晚上每隔2小时开机1小时。产生的$CO_2$作为植物$CO_2$施肥，提高作物产量。

秸秆在发酵过程中，要保持40%~60%的湿度，一般发酵含水量高的作物或鲜秸秆不需补水，而发酵含水量低的秸秆，需要根据情况，一般每10~15天淋水1次，以湿润即可。

## 五、发酵液及发酵残体的使用技术和施用量

发酵液在发酵进行1个月后可以使用，按1份发酵液兑2~3倍水，可进行叶面施肥、根部追肥，可有效减少化肥的施用，预防和防治作物缺素症状的发生，提高作物的抗逆性，改善作物品质，增加作物产量，对农业的可持续发展、环境保护、发展低碳农业具有重要意义。

发酵残体是极好的有机肥料，可作为蔬菜生产底肥，1吨可替代0.5吨的有机肥，而且秸秆疏松，施入土壤中可改善土壤的通气情况，提高土壤有机质含量，防止土壤板结，促进微生物活动，提高作物产量。

# 第二节　设施蔬菜秸秆生物反应堆技术

设施蔬菜秸秆生物反应堆技术，是将秸秆在微生物菌种的作用下通过一定的工艺设施定向转化成植物生长需要的$CO_2$、热量、抗病孢子、酶、有机和无机养料，进而获得高产、优质的绿色有机食品的生物工程技术，利于实现资源科学利用、农民增收、农业增效、生态环境友好的目标，对设施蔬菜生产尤其冬春季生产具有促进设施保温、增温、早熟、丰产效能。

## 一、应用方式

秸秆生物反应堆技术应用主要有内置式反应堆、外置式反应堆和内外置结合式反应堆3种。其中，内置反应堆又分为行下内置式反应堆、行间内置式反应堆和树下内置式反应堆；外置式反应堆又分为简易外置式反应堆和标准外置式反应堆。选择应用方式时，主要依据生产地种植品种、定植时间、生态气候特点和生产条件而定。

## 二、主要技术内容

### （一）内置式反应堆

1.行下内置式反应堆

（1）反应堆所用原料。每亩用原料量，秸秆3 000～

5 000千克、秸秆腐熟菌种6～10千克、麦麸180～300千克、饼肥100～200千克。所用秸秆为整秸秆或整碎结合的均可。

（2）操作流程。

①开沟：采用大小行种植，一般一堆双行。大行（操作行）宽90～110厘米，小行宽60～80厘米。在小行（种植行）位置进行开沟，沟宽70～80厘米，沟深20～25厘米。开沟长度与行长相等，开挖的土按等量分放沟两边，集中开沟。

②铺秸秆：全部开完沟后，向沟内铺放干秸秆（玉米秸、麦秸、稻草等），一般底部铺放整秸秆（如玉米秸、棉柴等），上部放碎软秸秆（如麦秸、稻草、食用菌下脚料等）。铺完踏实后，厚度25～30厘米，沟两头露出10厘米秸秆茬，以便进氧气。

③撒菌种：将处理好的菌种，按每沟所用量，均匀撒在秸秆上，边铺放秸秆边撒菌种，并用锨轻拍一遍，使菌种与秸秆均匀接触。新棚要先撒100～150千克饼肥于秸秆上，再撒菌种。有牛、马、羊、兔粪便的，可先把菌种的2/3撒在秸秆上，铺施1层粪便，再将剩下的菌种撒上。

④覆土：将沟两边的土回填于秸秆上成垄，秸秆上土层厚度保持20厘米，然后将土整平。

⑤浇水：在大行内浇大水，水面高度达到垄高的3/4，水量以充分湿透秸秆为宜。

⑥打孔：在垄上用打孔器打3行孔，行距20～25厘米，

孔距20厘米，孔深以穿透秸秆层为准，以进氧气促进秸秆转化。孔打好后等待定植。

开沟

（深20厘米、宽70~80厘米）

铺秸秆（30厘米）、撒菌种

覆土（18~20厘米）、

浇水、打孔

定植、打孔

**行下内置式反应堆流程**

2. 行间内置式反应堆

（1）反应堆所用原料。每亩用原料量，秸秆2 500~3 000千克、菌种5~6千克、麦麸100~120千克、饼肥50千克。

（2）操作流程。

①开沟：一般离开苗15厘米，在大行内开沟起土，开沟深15~20厘米，宽60~80厘米，长度与行长相等，开挖的土按等量分放沟两边。

②铺秸秆：铺放秸秆厚20～25厘米，两头露出秸秆10厘米，踏实找平。

③撒菌种：按每行菌种用量，均匀撒施菌种，使菌种与秸秆均匀接触。

④覆土：将所起土回填于秸秆上，厚度10厘米，并将土整平。

⑤浇水：在大行间浇水湿润秸秆。浇3天后，将处理好的疫苗撒施到垄上与10厘米土掺匀、整平。以后浇水在小行间进行。

⑥打孔：浇水4天后，离开苗10厘米，打孔，按30厘米1行，20厘米1个，孔深以穿透秸秆层为准。

## （二）外置式反应堆

### 1. 外置式反应堆应用方式的选择与条件

（1）外置式反应堆应用方式。按投资水平和建造质量可分简单外置式和标准外置式两种。

①简单外置式：只需挖沟，铺设厚农膜，用木棍、小水泥杆、竹坯或树枝做隔离层，砖、水泥砌垒通气道和交换机底座就可使用。特点是投资小，建造快，但农膜易破损，使用期为1茬。

②标准外置式：挖沟、用水泥、砖和沙子建造储气池、通气道和交换机底座，用水泥杆、竹坯、纱网做隔离层。投资虽然大，但使用期长。此方式按其建造位置又分

棚外外置式和棚内外置式。低温季节建在棚内,高温季节建在棚外。棚外外置式上料方便,用户可根据实际情况灵活选择。每种建造工艺大同小异,要求定植或播种前建好,定植或出苗后上料,安机使用。

(2)反应堆所用原料量。每次每亩秸秆用量1 000~1 500千克、菌种3~4千克、麦麸60~80千克。越冬茬作物全生育期加秸秆3~4次,秋延迟和早春茬加秸秆2~3次。

(3)建造使用期。作物从出苗至收获,全生育期内应用外置式生物反应堆均有增产作用,越早增产幅度越大,一般增产幅度50%以上。

2. 外置式反应堆的建造工艺

(1)标准外置式。一般越冬和早春茬建在大棚进口的山墙内侧处,距山墙60~80厘米,自北向南挖1条上口宽120~130厘米,深100厘米,下口宽90~100厘米,长6~7米(略短于大棚宽度)的沟,称储气池。将所挖出的土均匀放在沟上沿,摊成外高里低的坡形。用农膜铺设沟底(可减少沙子和水泥用量)、四壁并延伸至沟上沿80~100厘米。再从沟中间向棚内开挖1条宽65厘米、深50厘米、长100厘米的出气道,连接末端建造1个下口径为50厘米×50厘米(内径),上口内径为45厘米,高出地面20厘米的圆形交换底座。沟壁、气道和上沿用单砖砌垒,水泥抹面,沟底用沙子水泥打底,厚度6~8厘米。沟两头各建造1个长

50厘米，宽、高20厘米×20厘米的回气道，单砖砌垒或者用管材替代。待水泥硬化后，在沟上沿每隔40厘米横排1根水泥杆（宽20厘米，厚10厘米），在水泥杆上每隔10厘米纵向固定1根竹竿或竹坯，这样基础就建好了。然后开始上料接种，每铺放秸秆40～50厘米，撒1层菌种，连续铺放3层，淋水浇湿秸秆，淋水量以下部沟中有一半积水为宜。最后用农膜覆盖保湿，覆盖不宜过严，当天安机抽气，以便气体循环，加速反应。

（2）简易外置式。开沟、建造等工序同标准外置式。只是为节省成本，沟底、沟壁用农膜铺设代替水泥、砖、沙砌垒。

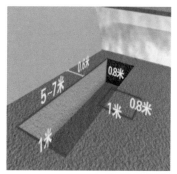

**外置式反应堆**

3. 外置式反应堆使用与管理

外置式反应堆使用与管理可以概括为"三用"和"三补"。上料加水当天要开机，不分阴天、晴天，坚持白天开机不间断。

（1）用气。苗期每天开机5～6小时，开花期7～8小时，结果期每天10小时以上。不论阴天、晴天都要开机。研究证实，反应堆$CO_2$气体可增产55%～60%。尤其是中午不能停机。

（2）用液。上料加水后第2天就要及时将沟中的水抽出，循环浇淋于反应堆的秸秆上，每天1次，连续循环浇淋3次。如果沟中的水不足，还要额外补水。其原因是通过向堆中浇水会将堆上的菌种冲淋到沟中，不及时循环，菌种长时间在水中就会死亡。循环3次后的反应堆浸出液应立即取用，以后每次补水淋出的液体也要及时取用。原因是早期液体中酶、孢子活性高，效果好。其用法按1份浸出液兑2～3份的水，灌根、喷叶，每月3～4次，也可结合每次浇水冲施。反应堆浸出液中含有大量的$CO_2$、矿质元素、抗病孢子，既能增加植物的营养，又可起到防治病虫害的效果。试验证明反应堆液体可增产20%～25%。

（3）陈渣的利用。秸秆在反应堆中转化成大量$CO_2$的同时，也释放出大量的矿质元素，除溶解于浸出液中，也积留在陈渣中。它是蔬菜所需有机和无机养料的混合体。将外置反应堆清理出的陈渣，收集堆积起来，盖膜继续腐烂成粉状物，在下茬育苗、定植时作为基质穴施、普施，不仅替代了化肥，而且对苗期生长、防治病虫害有显著作用，试验证明反应堆陈渣可增产15%～20%。

（4）补水。补水是反应堆反应的重要条件之一。除建堆加水外，以后每隔7~8天向反应堆补1次水。如不及时补水会降低反应堆的效能，致使反应堆中途停止。

（5）补气。氧气是反应堆产生$CO_2$的先决条件。秸秆生物反应堆中菌种活动需要大量的氧气，必须保持进出气道通畅。随着反应的进行，反应堆越来越结实，通气状况越来越差，反应就越慢，中后期堆上盖膜不宜过严，靠山墙处留出10厘米宽的缝隙，每隔20天应揭开盖膜，用木棍或者钢筋打孔通气，每平方米5~6个孔。

（6）补料。外置反应堆一般使用50天左右，秸秆消耗在60%以上，应及时补充秸秆和菌种。一次补充秸秆1 200~1 500千克，菌种3~4千克，浇水湿透后，用直径10厘米尖头木棍打孔通气，然后盖膜，一般越冬茬作物补料3次。

# 第六章

# 设施蔬菜沼肥施用技术

## 一、施用基本原则

本书针对京郊大型沼气站的发酵残留物沼渣和沼液的混合液作为农用肥料，与化肥配合施用，提出了一套京郊主栽蔬菜作物综合配套施用技术，对于京郊发展循环、生态农业有重要意义。

### （一）底肥

沼渣、沼液混合液可以直接作为底肥，可直接泼洒田面，立即翻耕。沼渣、沼液直接施用，对当季作物有良好的增产效果；若连续施用，则能起到改良土壤、培肥地力的作用。

### （二）根部追肥

可以直接开沟挖穴浇灌作物根部周围，并覆土以提高肥效。有水利条件的地方，可结合农田灌溉，把混合液加入水中，随水均匀施入田间。

### （三）叶面追肥

取自正常产气1个月以上的沼气池，澄清、纱布过滤。幼苗、嫩叶期1份沼液加1～2份清水；夏季高温，1份沼液加1份清水；气温较低，生长中后期，可不加清水。喷施时，以叶背面为主，以利吸收；喷施应在春、秋、冬季上午露水干后进行，夏季傍晚为好，中午高温及暴雨前不要喷施。

## 二、注意事项

一忌出发酵池后立即施用。沼肥的还原性强，出池后的沼肥立即施用，会与作物争夺土壤中的氧气，影响种子发芽和根系发育，导致作物叶片发黄、凋萎。因此，沼液从发酵塔出池后，应先在储粪池中存放5～7天施用。

二忌过量施用。沼液施用也应考虑施用量，不能盲目大量施用，否则会导致作物徒长，行间荫蔽，造成减产。

三忌与草木灰、石灰等碱性肥料混施。草木灰、石灰等物质碱性较强，与沼液混合，会造成氮肥的损失，降低肥效。

四是沼液宜与化肥配合施用，沼液中养分相对含量较低，因此，要达到合理、适用、经济的最佳效果，还要与化肥配合施用。

## 三、京郊主栽蔬菜作物沼渣、沼液混合体与化肥配合施用技术规程

通过2009年对京郊46个大型沼气站的取样调查结果，初步摸清了不同原料发酵残余物的养分情况，以等氮养分计算，1米³牛粪的养分相当于0.71米³鸡粪或0.81米³猪粪。在耕地肥力、产量水平中等条件下，以牛粪发酵所产生的沼渣、沼液混合液为例，提出如下主栽作物沼渣、沼液混合体与化肥配合施用技术规程（表6-1）。

表6-1 京郊大型沼气站沼渣、沼液混合液养分含量

| 发酵原料 | 牛粪 | 猪粪 | 鸡粪 |
|---|---|---|---|
| 沼渣、沼液混合液全氮含量（%） | 0.29 | 0.36 | 0.40 |

注：检测牛粪样品16个，猪粪样品20个，鸡粪样品6个。

### （一）菠菜

底肥每亩施沼渣、沼液3.5~4.5米³；在生长旺盛期追施尿素10千克、硫酸钾6千克；喷施浓度50%沼液1次（表6-2）。

表6-2  菠菜沼渣、沼液混合液科学施用量推荐

| 产量水平<br>（千克/亩） | 施用方式 | 施用时期 | 肥料名称 | 亩施用量 |
|---|---|---|---|---|
| 2 000 ~ 2 500 | 基施 | 播种前 | 沼渣、沼液混合液 | 3.5 ~ 4.5米$^3$ |
| | 追肥 | 生长旺盛期 | 尿素 | 10千克 |
| | | | 硫酸钾 | 6千克 |
| | 叶面喷施 | 生长旺盛期 | 沼液 | 50%（浓度） |

## （二）番茄

底肥每亩施沼渣、沼液混合液6.5 ~ 7.5米$^3$，45%低磷（N-P$_2$O$_5$-K$_2$O含量15%-15%-15%）三元复合肥25 ~ 30千克；在第1穗果膨大期追施尿素12千克、硫酸钾8千克，在第2穗果膨大期追施沼渣、沼液混合液2.5 ~ 3.5米$^3$，在第3穗果膨大期分别追施尿素10千克、硫酸钾6千克；分别在第1、3穗果膨大期喷施浓度50%沼液各1次（表6-3）。

表6-3  番茄沼渣、沼液混合液科学施用量推荐

| 产量水平<br>（千克/亩） | 施用方式 | 施用时期 | 肥料名称 | 亩施用量 |
|---|---|---|---|---|
| 4 500 ~ 5 000 | 基施 | 定植前 | 沼渣、沼液混合液 | 6.5 ~ 7.5米$^3$ |
| | | | 45%低磷三元复合肥 | 25 ~ 30千克 |

（续表）

| 产量水平<br>（千克/亩） | 施用方式 | 施用时期 | 肥料名称 | 亩施用量 |
|---|---|---|---|---|
| 4 500～5 000 | 追施 | 第1穗果膨大期 | 尿素 | 12千克 |
| | | | 硫酸钾 | 8千克 |
| | | 第2穗果膨大期 | 沼渣、沼液混合液 | 2.5～3.5米³ |
| | | 第3穗果膨大期 | 尿素 | 10千克 |
| | | | 硫酸钾 | 6千克 |
| | 叶面喷施 | 第1穗果膨大期 | 沼液 | 50%（浓度） |
| | | 第3穗果膨大期 | 沼液 | 50%（浓度） |

## （三）黄瓜

底肥每亩施沼渣、沼液混合液7.5～8.5米³，45%低磷（N-$P_2O_5$-$K_2O$含量15%-15%-15%）三元复合肥30～35千克；在第1次根瓜收获后追施尿素10千克、硫酸钾8千克，以后每隔15天左右追肥1次，第2次追施沼渣、沼液混合液2.5～3.5米³，第3次追施尿素8千克、硫酸钾6千克，第4次追施沼渣、沼液混合液2.5～3.5米³；分别在第1、3次追肥喷施浓度50%沼液各1次（表6-4）。

表6-4　黄瓜沼渣、沼液混合液科学施用量推荐

| 产量水平（千克/亩） | 施用方式 | 施用时期 | 肥料名称 | 亩施用量 |
|---|---|---|---|---|
| 3 500～4 500 | 基施 | 定植前 | 沼渣、沼液混合液 | 7.5～8.5米³ |
| | | | 45%低磷三元复合肥 | 30～35千克 |
| | 追施 | 第1次追肥 | 尿素 | 10千克 |
| | | | 硫酸钾 | 8千克 |
| | | 第2次追肥 | 沼渣、沼液混合液 | 2.5～3.5米³ |
| | | 第3次追肥 | 尿素 | 8千克 |
| | | | 硫酸钾 | 6千克 |
| | | 第4次追肥 | 沼渣、沼液混合液 | 2.5～3.5米³ |
| | 叶面喷施 | 第1次追肥 | 沼液 | 50%（浓度） |
| | | 第3次追肥 | 沼液 | 50%（浓度） |

## （四）大椒

底肥每亩施沼渣、沼液混合液4.5～5.5米³，45%低磷（$N-P_2O_5-K_2O$含量15%-15%-15%）三元复合肥20～25千克；在门椒膨大期追施尿素15千克、硫酸钾9千克，在对椒膨大期追施沼渣、沼液混合液1.5～2.5米³，在四母斗膨大期追施尿素10千克、硫酸钾6千克；分别在门椒膨大期、四母斗膨大期喷施浓度50%沼液各1次（表6-5）。

表6-5 大椒沼渣、沼液混合液科学施用量推荐

| 产量水平（千克/亩） | 施用方式 | 施用时期 | 肥料名称 | 亩施用量 |
|---|---|---|---|---|
| 3 000 ~ 4 000 | 基施 | 定植前 | 沼渣、沼液混合液 | $4.5 \sim 5.5$ 米$^3$ |
| | | | 45%低磷三元复合肥 | $20 \sim 25$ 千克 |
| | 追肥 | 门椒膨大期 | 尿素 | 15千克 |
| | | | 硫酸钾 | 9千克 |
| | | 对椒膨大期 | 沼渣、沼液混合液 | $1.5 \sim 2.5$ 米$^3$ |
| | | 四母斗膨大期 | 尿素 | 10千克 |
| | | | 硫酸钾 | 6千克 |
| | 叶面喷施 | 门椒膨大期 | 沼液 | 50%（浓度） |
| | | 四母斗膨大期 | 沼液 | 50%（浓度） |

## （五）茄子

底肥每亩施沼渣、沼液混合液$5.5 \sim 6.5$米$^3$，45%低磷（$N-P_2O_5-K_2O$含量15%-15%-15%）三元复合肥$25 \sim 30$千克；在门茄膨大期追施尿素15千克、硫酸钾10千克，在对茄膨大期追施沼渣、沼液混合液$2.5 \sim 3.5$米$^3$，在四母斗膨大期追施尿素10千克、硫酸钾6千克；分别在门茄膨大期、四母斗膨大期喷施浓度50%沼液各1次（表6-6）。

表6-6　茄子沼渣、沼液混合液科学施用量推荐

| 产量水平（千克/亩） | 施用方式 | 施用时期 | 肥料名称 | 亩施用量 |
|---|---|---|---|---|
| 3 500~4 500 | 基施 | 定植前 | 沼渣、沼液混合液 | 5.5~6.5米$^3$ |
| | | | 45%低磷三元复合肥 | 25~30千克 |
| | 追肥 | 门茄膨大期 | 尿素 | 15千克 |
| | | | 硫酸钾 | 10千克 |
| | | 对茄膨大期 | 沼渣、沼液混合液 | 2.5~3.5米$^3$ |
| | | 四母斗膨大期 | 尿素 | 10千克 |
| | | | 硫酸钾 | 6千克 |
| | 叶面喷施 | 门茄膨大期 | 沼液 | 50%（浓度） |
| | | 四母斗膨大期 | 沼液 | 50%（浓度） |

# （六）大白菜

底肥每亩施沼渣、沼液混合液3.5~4.5米$^3$，45%高氮（$N-P_2O_5-K_2O$含量15%-15%-15%）三元复合肥20~25千克；在莲座期追施沼渣、沼液混合液2.5~3.5米$^3$，结球初期追施尿素14千克、硫酸钾10千克，结球中期追施沼渣、沼液混合液2.5~3.5米$^3$；在结球初期喷施浓度50%沼液1次（表6-7）。

表6-7　大白菜沼渣、沼液混合液科学施用量推荐

| 产量水平（千克/亩） | 施用方式 | 施用时期 | 肥料名称 | 亩施用量 |
|---|---|---|---|---|
| 5 000~6 000 | 基施 | 播种前 | 沼渣、沼液混合液 | 3.5~4.5米$^3$ |
| | | | 45%高氮三元复合肥 | 20~25千克 |
| | 追肥 | 莲座期 | 沼渣、沼液混合液 | 2.5~3.5米$^3$ |
| | | 结球初期 | 尿素 | 14千克 |
| | | | 硫酸钾 | 10千克 |
| | | 结球中期 | 沼渣、沼液混合液 | 2.5~3.5米$^3$ |
| | 叶面喷施 | 结球初期 | 沼液 | 50%（浓度） |

## （七）结球生菜

底肥每亩施沼渣、沼液混合液3.5~4.5米$^3$，45%高氮（N-P$_2$O$_5$-K$_2$O含量15%-15%-15%）三元复合肥15~20千克；在莲座期追施沼渣、沼液混合液1.5~2.5米$^3$，结球初期追施尿素11千克、硫酸钾7千克，结球中期追施尿素9千克、硫酸钾5千克；分别在结球初期、结球中期喷施浓度50%沼液各1次（表6-8）。

表6-8 结球生菜沼渣、沼液混合液科学施用量推荐

| 产量水平（千克/亩） | 施用方式 | 施用时期 | 肥料名称 | 亩施用量 |
|---|---|---|---|---|
| 2 500 ~ 3 500 | 基施 | 播种前 | 沼渣、沼液混合液 | $3.5 \sim 4.5$ 米$^3$ |
| | | | 45%高氮三元复合肥 | $15 \sim 20$ 千克 |
| | 追肥 | 莲座期 | 沼渣、沼液混合液 | $1.5 \sim 2.5$ 米$^3$ |
| | | 结球初期 | 尿素 | 11千克 |
| | | | 硫酸钾 | 7千克 |
| | | 结球中期 | 尿素 | 9千克 |
| | | | 硫酸钾 | 5千克 |
| | 叶面喷施 | 结球初期 | 沼液 | 50%（浓度） |
| | | 结球中期 | 沼液 | 50%（浓度） |

## （八）芹菜

底肥每亩施沼渣、沼液混合液3.5 ~ 4.5米$^3$，45%高氮（N-P$_2$O$_5$-K$_2$O含量15%-15%-15%）三元复合肥20 ~ 25千克；在心叶生长期追施沼渣、沼液混合液2 ~ 3米$^3$，旺盛生长前期追施尿素12千克、硫酸钾6千克，旺盛生长中期追施尿素8千克、硫酸钾5千克；分别在旺盛生长前期、旺盛生长中期喷施浓度50%沼液各1次（表6-9）。

表6-9　芹菜沼渣、沼液混合液科学施用量推荐

| 产量水平（千克/亩） | 施用方式 | 施用时期 | 肥料名称 | 亩施用量 |
|---|---|---|---|---|
| 4 000 ~ 5 000 | 基施 | 定植前 | 沼渣、沼液混合液 | 3.5 ~ 4.5米$^3$ |
| | | | 45%高氮三元复合肥 | 20 ~ 25千克 |
| | 追肥 | 心叶生长期 | 沼渣、沼液混合液 | 2 ~ 3米$^3$ |
| | | 旺盛生长前期 | 尿素 | 12千克 |
| | | | 硫酸钾 | 6千克 |
| | | 旺盛生长中期 | 尿素 | 8千克 |
| | | | 硫酸钾 | 5千克 |
| | 叶面喷施 | 旺盛生长前期 | 沼液 | 50%（浓度） |
| | | 旺盛生长中期 | 沼液 | 50%（浓度） |

## （九）花椰菜

底肥每亩施沼渣、沼液5.5 ~ 6.5米$^3$，45%高氮（N-P$_2$O$_5$-K$_2$O含量15%-15%-15%）三元复合肥25 ~ 30千克；在莲座期追施沼渣、沼液混合液2.5 ~ 3.5米$^3$，花球初期追施尿素16千克、硫酸钾7千克，花球中期追施尿素12千克、硫酸钾6千克；分别在花球初期、花球中期喷施浓度50%沼液各1次（表6-10）。

表6-10　花椰菜沼渣、沼液混合液科学施用量推荐

| 产量水平<br>（千克/亩） | 施用方式 | 施用时期 | 肥料名称 | 亩施用量 |
|---|---|---|---|---|
| 2 000～2 500 | 基施 | 播种前 | 沼渣、沼液混合液 | 5.5～6.5米$^3$ |
| | | | 45%高氮三元复合肥 | 25～30千克 |
| | 追肥 | 莲座期 | 沼渣、沼液混合液 | 2.5～3.5米$^3$ |
| | | 花球初期 | 尿素 | 16千克 |
| | | | 硫酸钾 | 7千克 |
| | | 花球中期 | 尿素 | 12千克 |
| | | | 硫酸钾 | 6千克 |
| | 叶面喷施 | 花球初期 | 沼液 | 50%（浓度） |
| | | 花球中期 | 沼液 | 50%（浓度） |

# 参考文献

安树义，李广忠，周育忠，等，2001. 浅谈生物肥的特点应用技术及前景展望[J]. 农业环境与发展（2）：43-44.

白永莉，2007. 合理使用微生物肥料的方法[J]. 现代农业（7）：82-83.

白优爱，2003. 京郊保护地番茄养分吸收及氮素调控研究[D]. 北京：中国农业大学.

蔡伟建，赵密珍，于红梅，等，2017. 轮作叶菜对大棚高架栽培草莓生长结果的影响[J]. 中国果树（4）：31-34.

曹广富，2011. 工厂化堆肥原料和配方选择现状调查与分析[D]. 南京：南京农业大学.

曹志洪，1998. 科学施肥与我国粮食安全保障[J]. 土壤（2）：57-63，69.

曾希柏，刘国栋，1999. 生物肥料与我国农业可持续发展[J]. 科技导报，17（8）：55-57.

陈广锋，杜森，江荣风，等，2013. 我国水肥一体化技术应用及研究现状[J]. 中国农技推广，29（5）：39-41.

陈伦寿，1996. 应正确看待化肥利用率[J]. 磷肥与复肥（4）：4-7.

褚长彬，2014. 微生物肥料作用效果分析及高效菌株的鉴定[D].
郑州：河南农业大学.

杜文波，2009. 日光温室番茄应用滴灌水肥一体化技术初探[J]. 山
西农业科学，36（1）：58-60.

韩鲁佳，闫巧娟，刘向阳，等，2002. 中国农作物秸秆资源及其
利用现状[J]. 农业工程学报，18（3）：87-91.

劳秀荣，吴子一，高燕春，2002. 长期秸秆还田改土培肥效应的
研究[J]. 农业工程学报，18（2）：49-52.

李贵桐，赵紫娟，黄元仿，等，2002. 秸秆还田对土壤氮素转化
的影响[J]. 植物营养与肥料学报，8（2）：162-167.

刘骅，林英华，王西和，等，2007. 长期配施秸秆对灰漠土质量
的影响[J]. 生态环境，16（5）：1 492-1 497.

马宗国，卢绪奎，万丽，等，2003. 小麦秸秆还田对水稻生长及
土壤肥力的影响[J]. 作物杂志（5）：37-38.

任仲杰，顾孟迪，2005. 我国农作物秸秆综合利用与循环经济[J].
安徽农业科学，33（11）：2 105-2 106.

史然，陈晓娟，沈建林，等，2013. 稻田秸秆还田的土壤增碳及
温室气体排放效应和机理研究进展[J]. 土壤（2）：193-198.

谭德水，金继运，黄绍文，等，2007. 不同种植制度下长期施
钾与秸秆还田对作物产量和土壤钾素的影响[J]. 中国农业科
学，40（1）：133-139.

谭德水，金继运，黄绍文，等，2007. 不同种植制度下长期施钾
与秸秆还田对作物产量和土壤钾素的影响[J]. 中国农业科学，
40（1）：133-139.

王兆伟，郝卫平，龚道枝，等，2010. 秸秆覆盖量对农田土壤水分和温度动态的影响[J]. 中国农业气象，31（2）：244-250.

闻杰，王聪翔，侯立白，等，2005. 秸秆还田对农田土壤风蚀影响的试验研究[J]. 土壤学报（4）：678-681.